LE MIEL

SON ROLE IMPORTANT DANS L'ÉCONOMIE GÉNÉRALE

PAR

A. DELAIGUES

CURÉ DE SAINTE-FAUSTE, (INDRE)
VICE-PRÉSIDENT DE LA SOCIÉTÉ D'APICULTURE DU CENTRE
RÉDACTEUR-FONDATEUR DE « L'UNION APICOLE »
MEMBRE DE DIVERSES SOCIÉTÉS
AUTEUR DE PLUSIEURS OUVRAGES APICOLES

PRX 0 fr. 80

PAR TOUS   POUR TOUS

PARIS

71, Rue des Saints-Pères, près le Boulevard Saint-Germain

NEUVY-PAILLOUX

ÉTABLISSEMENT D'APICULTURE

1896

VUE DE L'ÉTABLISSEMENT ET DU RUCHER DE M. ÉMILE PALICE, A NEUVY-PAILLOUX.

LE MIEL

SON ROLE IMPORTANT DANS L'ÉCONOMIE GÉNÉRALE

OUVRAGES DU MÊME AUTEUR

COURS ÉLÉMENTAIRE D'APICULTURE, ou GUIDE PRATIQUE DES COMMENÇANTS (1), d'après la méthode rationnelle et les procédés modernes. Avec le concours de M. E. PALICE, directeur de l'établissement apicole de Neuvy-Pailloux........ **1 fr. 50**
Franco poste 0 fr. 25 en plus.

LE MIEL ET SON RÔLE IMPORTANT DANS L'ÉCONOMIE GÉNÉRALE (1), depuis l'antiquité jusqu'à nos jours .... **0 fr. 80**
Franco poste 0 fr. 25 en plus.

LE MIEL, sa production, ses emplois, sa vente. Formules des remèdes, boissons, gâteaux au miel (sous presse). .... **0 fr. 75**
Franco poste 0 fr. 25 en plus.

NOTICE SUR LE MIEL. Abrégé des **2** brochures précédentes. Feuilles pour propagande. Franco.
Le cent........................ **1 fr. 50**
Le mille........................ **10** »

(1) Récompenses du Jury (section d'enseignement) Concours international de la Meuse, Concours de la Nièvre ; Diplôme d'honneur, Concours international de Bordeaux.

LE MIEL

SON ROLE IMPORTANT DANS L'ÉCONOMIE GÉNÉRALE

PAR

A. DELAIGUES

CURÉ DE SAINTE-FAUSTE, (INDRE)
VICE-PRÉSIDENT DE LA SOCIÉTÉ D'APICULTURE DU CENTRE
RÉDACTEUR-FONDATEUR DE « L'UNION APICOLE »
MEMBRE DE DIVERSES SOCIÉTÉS
AUTEUR DE PLUSIEURS OUVRAGES APICOLES

PRIX 0 fr. 80

PARIS

71, Rue des Saints-Pères, près le Boulevard Saint-Germain

NEUVY-PAILLOUX

ÉTABLISSEMENT D'APICULTURE

1896

AVANT-PROPOS

En publiant ce nouvel opuscule, je ne
fais que céder aux instances réitérées de
plusieurs amis, apiculteurs expérimen-
tés qui gémissent, comme moi, d'enten-
dre dire trop souvent, autour d'eux
par les uns : « que faire du miel, puisqu'il abonde et ne s'écoule pas ? Par les
autres, à quoi bon encourager et dévelop-
per l'apiculture, pour vendre ensuite nos
produits moins cher » ? Le fait de l'igno-
rance des premiers, devient la cause de
l'égoïsme des seconds. Je m'explique :
si le miel, ses avantages, son emploi,
étaient mieux connus en général, et
même de certains producteurs, la grande

consommation qui s'établirait, deviendrait la sauvegarde de la grande production. Par conséquent, ils ont donc raison, et grandement raison, ceux qui veulent s'unir et se dévouer pour faire comprendre d'abord et admettre ensuite par tout apiculteur, comme un devoir autant qu'un intérêt bien compris, la nécessité de répandre partout la connaissance du miel et de son grand rôle dans l'économie générale, comme aliment, boisson et remède.

A ce triple titre et l'histoire en main, nous chercherons à démontrer dans ce petit travail, ce qu'il fut chez les anciens et chez les modernes.

Notre conclusion sera : qu'il faut remettre en honneur, dans la consommation générale et pour le bien public, un aliment aussi sain, un préservatif aussi précieux, un remède aussi efficace, qui donnait aux ancêtres la santé, les années et qui, délaissé des modernes, semble s'en venger en les laissant mourir avant l'âge!

Comme chacun désire ici-bas vivre longtemps, nous dirons à tous : « le bien connaître, c'est l'aimer ; l'aimer, c'est le consommer ». Plus vous en produirez, plus vous en consommerez pour vous nourrir, rafraîchir et guérir.

L'élan est déjà donné par l'Amérique, l'Allemagne, la Belgique, etc.

Producteurs, ménagères, consommateurs, les docteurs eux-mêmes commencent à trouver dans le miel pur et parfumé de nos ruches perfectionnées, un aliment délicieux, une boisson généreuse et un remède efficace.

C'est dans l'espoir de contribuer à ce résultat pour notre faible part, qu'à

l'exemple de nos maitres et devanciers (1)
et plus particulièrement de notre ami,
M. l'abbé Voirnot, nous avons mis cet
opuscule en circulation, espérant qu'il
trouvera bon accueil.

Va comme tes aînés,
Va mon cher petit livre,
Fais du bien aux santés,
Car le miel nous fait vivre!

A. DELAIGUES.

Sainte-Fauste (Indre).

(1) Newmann en Amérique, Ensbrünner en Autriche,
Dubini en Italie, Schachinger en Hongrie, Dennler en
Alsace-Lorraine, Stassart en Belgique, Gosch en Allemagne,
Zoubareff en Russie, etc.

LE MIEL

Comede fili miel, quia bonum est!
Mon fils, mange le miel, car il est bon.

PROV. XXIV. 13.

C'est l'extrait concentré de mille fleurs choisies
    C'est un suc végétal
    Pur comme le cristal
    Qui dépasse en parfums toutes les ambroisies·

Nectar digne des dieux, tisane aux mille fleurs,
    Il est sans hyperbole
    Le gracieux symbole
Des robustes santés aux brillantes couleurs.

Il conserve vermeil le sang qu'il purifie.
    Il délecte et nourrit
    L'estomac et l'esprit ;
Pour tout dire, c'est un brevet de longue vie.

Aussi rien d'étonnant que le grand Jéhovah
    Dans la terre promise,
    Ménageàt la surprise
Du miel pur et limpide au peuple qu'il sauva.

Quoi de plus naturel, si la Bible elle-même,
    Verbe du Dieu vivant,
    Recommande souvent
Ce qui de la douceur est le parfait emblème.

Le sucre !! Il le remplace avantageusement
    Et remarque fort grave,
    Le jus de betterave
N'égalera jamais le miel comme aliment.

Le bébé le préfère à mille autres tartines
    Produit du moderne travail
    Et sur ses lèvres de corail
Il sème le sourire aux grâces enfantines.

Les vieillards affaiblis qui n'ont au râtelier
    Que des dents en ruine,
    Craignent peu la famine   [cellier].
Tant qu'ils ont d'un miel pur, nombreux pots au

Il conserve la paix dans les jeunes ménages ;
    Car la lune de miel
    Tant qu'elle brille au ciel,   [sages.]
Est pour le couple heureux le plus doux des pré-

Le miel pur nous guérit : facile est son emploi
    Sur le corps, dans la gorge.
    Nous plaignons qui se forge
D'autres médicaments de fort mauvais aloi.

Organes digestifs, tubes respiratoires
    Il a cure de tout.
    Le miel, et vient à bout
Des maux dont Hippocrate emplit ses répertoires.

Il nous donne, le miel ! l'hydromel généreux
    Vin mousseux qu'accompagne
    Un fumet de champagne
Et que les amateurs se disputent entre eux.

Le chrysomel, boisson cent fois plus onctueuse
    Que toutes les liqueurs,
    Verse la joie aux cœurs
Et comme l'eau de seltz monte en gerbe gazeuse.

J'ai dit !! Mes chers lecteurs : pour vos bonnes
    Faites par vous-mêmes   [santés]
    L'essai de ces systèmes !
Lisez ! puis pratiquez, vous serez enchantés.

LE MIEL

SON ROLE IMPORTANT DANS L'ÉCONOMIE GÉNÉRALE

CHAPITRE PREMIER

LE MIEL CHEZ LES ANCÊTRES

Les peuples les plus anciens du Monde, comme nous l'atteste l'histoire, tenaient le miel pour une excellente et exquise nourriture qu'ils offraient du reste, souvent à leurs Dieux.

Les plus vieux manuscrits d'Epypte nous apprennent que le miel était, par les Egyptiens, fréquemment employé dans les sacrifices, comme la plus pure et la plus agréable offrande.

Les Saintes-Ecritures nous offrent des citations nombreuses, démontrant d'une façon péremptoire, combien chez les Hébreux le miel était en honneur. Pour n'en citer que quelques-unes : « celle où le patriarche Jacob envoya du miel en présent au gouverneur d'Egypte et la Reine, épouse du roi Jéroboam au prophète Ahia, pour en obtenir une réponse favorable à son fils, atteint d'une maladie mortelle ». Vous hériterez d'une terre où coulent le lait et le miel disait Moïse aux Hébreux, pour les apaiser et relever leur courage. Mangez, ô mon fils le miel parce qu'il est bon et le rayon de miel parce qu'il est très doux à votre bouche. (Prov. 24-13). Les Hébreux tenaient donc le miel en grand honneur, c'était en quelque sorte pour eux, la nourriture indispensable, l'aliment favori des jeunes enfants et le viatique réconfortant qu'on donnait au voyageur hébergé sous la tente. D'après Ezéchiel, les enfants de Juda en faisaient un article important et rémunérateur de transactions commerciales avec Tyr et Sidon.

Les Scythes, les Parthes, les Arabes, les Grecs et les Romains aimaient et consommaient beaucoup de miel et de lait, persuadés qu'ils étaient, de prolonger leur existence, comme le prouvent quelques exemples : Pythagore, Anacréon, Démocrate, vécurent au-delà d'un siècle, attribuant leur longévité à l'usage fréquent du miel.

Le *(far cum melle)* des Romains était un pain préparé avec du miel, très en usage à Rome et souvent offert par les pauvres aux immortels. Rumilius Pollion dînant avec César, à l'anniversaire de sa centième année, répondit au prince qui l'en félicitait : c'est à l'usage constant du miel pour l'intérieur et à celui de l'huile pour l'extérieur que je dois d'avoir conservé ma vigueur de corps et d'esprit (*interius melle exterius oleo*). Le cruel Néron n'était pas insensible aux douceurs des mets délicieux. On raconte qu'il aimait à se faire servir des aliments préparés au miel, bien que ces sortes de repas lui coûtaient assez cher !

Qui n'a pas entendu parler du miel de l'Hymette, si vanté des poètes ? De cette colline dont les flancs étaient couverts de thym et de fleurs ?

Nul aux champs de Cécrops ne l'égale en richesse ;
Des essaims qu'un doux suc alimente sans cesse
De nuages ailés obscurcissent le jour.
Lorsqu'ouvrant au printemps leur opulent séjour
Il y puise un miel d'or que la ruche fidèle
Sur l'Hymette embaumé chaque jour renouvelle.

Mais si le miel attique était tant estimé, celui de l'Hybla en Sicile ne fut pas moins en **h**onneur.

Quand tu donneras (dit Martial, livre III Epigr. Ch. II.) des rayons du miel de l'Hybla, tu peux dire qu'ils viennent d'Athènes).

On récoltait encore d'excellent miel en Arcadie où le roi Aristée enseignait à ses sujets l'art de bien cultiver les abeilles.

Pline nous recommande celui du mont Ida ou Crète. — La Lybie, la Celtibérie donnaient du miel délicieux, au témoignage d'Hérodote. Pétrone nous assure que rien n'était bon comme les tartes froides qu'on arrosait dans les festins, d'un miel d'Espagne chaud et excellent ; tandis que Diodore de Sicile nous affirme que le miel de Corse était amer ; parce que les abeilles butinent sans cesse sur les fleurs des lauriers très abondants dans cette île.

Sous Charlemagne, les capitulaires parlent du miel, de ses avantages et de sa conservation ! Tout dernièrement encore, nous lisions dans un vieux cours d'apiculture de 1650 (*Conseils aux Mouchiers*) ce passage à l'article qui traite du miel : «Le bon ménager fait profit de tout et en tout ce qui peut connaître être nécessaire à l'augmentation de sa maison. — Or je puis bien affirmer que peu de choses se trouvent, qui soient de plus grand rapport que le miel, cet admirable ouvrage d'icelles (abeilles) tant utile et profitable à l'usage des hommes ».

A une époque moins reculée, jusque

sous Louis XV, le miel se trouvait à la place d'honneur parmi les desserts sur la table du riche, comme dans la cuisine du pauvre ; il avait toujours un rôle important dans la consommation, et les pâtisseries au miel étaient en grande faveur. — On rapporte qu'Agnès Sorel et Marguerite de Navarre donnaient toutes leurs préférences au pain d'épice de miel. Madame de Sévigné faisait exprès le voyage de Reims pour manger des nonnettes à la Reine.

L'invention de ces dernières revient, dit-on, à la communauté des sœurs de Rémiremont (Vosges) : les religieuses ou nonnes de cette maison faisaient pour leur usage des petits gâteaux ronds, au miel. C'est un commerçant qui plus tard s'est emparé de ce modèle si renommé. — Il se fabrique maintenant partout.

Le pavé de Chartres a également son origine dans l'histoire. — Henri III, en souvenir du sympathique accueil des habitants de Chartres, lorsqu'il s'y réfugia devant les intrigues des ligueurs (1588), institua la foire de Mai, et c'est à cette foire que parut pour la première fois le pain d'épice, sous la forme du pavé qui est devenu légendaire. Il est du reste fort apprécié des amateurs.

II

Mais ce ne fut pas seulement à titre de nourriture excellente que le miel était estimé des ancêtres, comme nous venons de le voir. — Il servait encore à façonner cette liqueur délicieuse qui, selon eux, devait couler à flots dans le séjour de leurs divinités : (parce que sans doute elle avait le don de réchauffer le cœur des humains ! Elle noyait les peines en faisant oublier parfois au milieu d'une douce ivresse, les ennuis et les chagrins de ce monde !)

Les Grecs mêlaient le miel à leur vin et préparaient avec le miel une boisson recherchée dont on a malheureusement perdu le secret. — Ils l'appelaient du nom d'*Oinoméli* ce qu'aujourd'hui nous appelons l'Œnomel (1).

(1) On peut, avec sa vendange, obtenir un œnomel qui vaut du vin. On lui donne le degré qu'on veut — en se rappelant que deux kilogrammes de miel donnent environ un degré d'alcool à un hectolitre d'eau. — C'était le conseil du poète anglais Drydens au XVIIe siècle.

> Pour corriger l'acide et l'apreté du vin,
> Forcez miel et raisin à se donner la main.

(Voir *Formulaire des Remèdes, boissons et gâteaux au miel* (par A. DELAIGUES).

Et nos vieux pères du Nord, ces
Francs valeureux qui, pour combattre la
rigueur des frimas, buvaient et savou-
raient longuement cet hydromel légendaire, hélas, trop souvent dans des
coupes qu'ils avaient le tort d'emprunter
à la tête dépouillée de leurs ennemis
vaincus.

> Bu gaîment à la ronde
> L'hydromel capiteux
> Egayait tout le monde
> Aux festins des aïeux.
>
> Alors les cœurs en fête
> Battaient plus librement
> Et plus allégrement
> Volait la chansonnette !

N'était-ce pas du reste la récompense
qu'Odin promettait à ses guerriers dans
le séjour des élus, réservé aux braves?
« Vous recueillerez les plaisirs de guerre,

vous mangerez des mets délicieux et boirez l'hydromel à longs traits, sous les regards bienveillants des vierges !

Le grand poète Virgile, au quatrième livre de ses *Géorgiques*, consacré aux abeilles, ne nous dit-il pas en un certain passage : de prendre le miel doux et pur pour en façonner un vin moins dur et plus agréable !

Et ce trait de la vie de saint Martin qui, après avoir partagé son manteau d'un coup d'épée, en donnait au mendiant la plus large moitié. « Tu as faim ? dit-il, en détachant de sa selle un lourd bissac, prends et mange ; tu as soif aussi, sans doute ? Bois une rasade de cet hydromel qui te réchauffera. » On était alors en hiver et la neige tourbillonnait en épais flocons. La légende ajoute que le ciel s'ouvrit pour

contempler ce généreux acte de charité
et que les nuées grisâtres s'écartèrent
brusquement pour faire place au plus
radieux soleil qui ait jamais illuminé
un jour d'été ; de là l'expression d'«été
de Saint-Martin » (*Miel des Abeilles*), par
l'abbé Voirnot).

Les docteurs Charles Estienne et
J. Liébaut nous apprennent, dans une
notice de 1645. que les Polonais, Mosco-
vites et autres font avec ce miel un
breuvage ayant forme d'hydromel, le-
quel est beaucoup plus plaisant et plus
sain que plusieurs vins généreux, qu'ils
appellent Mède.

L'hydromel vineux du XVIIe siècle
était fait d'après une formule que donne
la (*Maison Rustique*) ; de six parties d'eau
de pluie et d'une partie de miel, le tout
brassé ensemble dans un tonneau exté-

rieurement enduit de poix et d'étoupes.
Pendant 40 jours il était exposé aux plus
fortes chaleurs d'été et chaque semaine
on avait le soin de le retourner pour
lui donner plus de vertu et de chaleur.
Quelques-uns ajoutaient un quart de
jus de coings et d'autres le faisaient
bouillir sur un feu clair de charbons
sans fumée, jusqu'à ce qu'un œuf, qu'ils
plongeaient dans le liquide, pût sur-
nager à la surface. — Cet hydromel
était très en honneur et fort goûté de
nos ancêtres, aussi en consommaient-ils
beaucoup. L'Espagne, le Midi de la
France et particulièrement la ville de
Narbonne, faisaient un grand commerce
de miel pour en approvisionner les mar-
chés. Comme le prouve le texte suivant
de cette époque : « Aussi voyons-nous
quel trafic considérable font les Espa-

gnols qui, pour s'enrichir, font amas de mouches à miel, afin d'en tirer quantité de miel ; autant en font ceux des environs de Narbonne (1), lesquels nous envoient grande quantité de miels blancs fermes et durs, pour cet égard meilleurs sans comparaison, que toute autre sorte de miel que nous faisons servir à tous nos usages.

III

Boisson saine et salutaire, aliment agréable et délicieux, le miel était encore pour nos vieux pères un préservatif précieux, un remède efficace au témoignage des plus anciens documents.

Celui que possède actuellement la

(1) De nos jours, Narbonne a perdu beaucoup de sa grande réputation, le pays n'exporte plus autant qu'autrefois.

bibliothèque royale de Berlin et qui était jadis conservé dans le temple de Memphis, nous apprend que les plus salutaires remèdes des Égyptiens pour maintes maladies, étaient préparés avec du miel.

Le *Talmud* des juifs rapporte que le miel était aussi employé comme remède contre la goutte, les maladies de cœur, le croup, la toux, pour embaumer et cicatriser les blessures des hommes et des animaux.

Hyppocrate, le célèbre médecin de l'antiquité, prescrivait beaucoup l'usage du miel à ses disciples; il le pratiquait du reste le premier, et ce moyen qu'il indiquait aux autres pour jouir d'une longue existence, lui réussit fort bien à lui-même.

Pline, en son Histoire naturelle, parle d'un miel d'Héraclée, dans la province de Pont, en Asie-Mineure, qui causait une très grande transpiration.

Mahomet, dans le *Coran*, conseille l'emploi du miel comme une bonne nourriture et de plus comme un remède très utile dans les maladies. Un jour un homme vint vers Mahomet et lui raconta que son frère était tellement tourmenté par de violentes douleurs qu'il était sur le point de mourir. — Le prophète alors lui conseilla de lui donner du miel. — L'homme suivit ce conseil. A quelque temps de là, il revint vers Mahomet et lui raconta que la médecine ordonnée avait semblé augmenter le mal, — le prophète lui répondit : Retourne et donne à ton frère du miel, encore du miel, toujours du miel; car Dieu dit la vérité et le corps de ton frère a menti). Et le malade, après avoir suivi les conseils du prophète, sentit bientôt renaître en lui la force et la santé. (*Abeille Bourguignonne*).

L'usage du miel est fort nécessaire à plusieurs choses ; il prolonge la vie des vieilles gens et de ceux qui sont de froide complexion. La nature du miel est telle : qu'il empêche la pourriture et corruption ; c'est pourquoi l'on en fait des gargarismes pour nettoyer et déterger les ulcères de la bouche ; l'on fait de l'eau distillée de miel qui fait renaître le poil tombé en quelque partie du corps que ce soit (1). — (Souhaitons ici en passant, un bon succès au jeune coiffeur qui lançait tout dernièrement dans le journal de la région son *Mellirose* ou régénérateur des cheveux.

Hérode I⁺ conserva dit-on, 7 ans dans

(1) Extrait d'un passage du docteur Liébaut.

le miel, le corps de Marianne, tant il l'aimait même après sa mort.

Le miel a telle vertu qu'il contre-garde et défend les choses de corruption, tant est cause que si l'on veut garder quelques fruits, herbes ou jus, l'on a accoutumé de les confire en miel. Les Anglais font un hydromel de 6 parties d'eau contre une de miel. Ils font bouillir le tout ensemble, l'écument soigneusement quasi à consomption de moitié, adjoutent 6 onces de levure pour le faire rebouillir et dépurer, plus un noüet plein de gingembre et clous de giroffle ; mêmement une poignée de fleurs de sureau pendant 40 jours. Cette façon d'hydromel est fort souveraine pour les fièvres quartes, mauvaises habitudes du corps, maladies de cerveau, comme épilepsies, paralysies, esquelles le vin est défendu. — (Extrait d'une notice sur le miel 1665).

De tout ce que nous avons pu recueillir aux sources les plus variées et les plus autorisées, concernant le miel et son emploi chez les anciens; il appert que son rôle fut très important, comme nourriture, breuvage et remède dans l'économie générale. — Pourquoi et comment a-t-il, en quelque sorte, perdu sa place d'honneur, à ce triple titre chez les modernes? C'est ce que maintenant nous allons chercher à démontrer dans un deuxième chapitre.

CHAPITRE II

LE MIEL CHEZ LES MODERNES

D'après Thomas Newmann, dans sa notice sur le miel, ce fut la découverte et l'introduction du sucre qui lui donna le premier coup. Au fur et à mesure que l'usage de ce produit, usage qui tendit à se généraliser vers la fin du XVIIe siècle, se développait, l'usage du miel diminuait. Il en fut ainsi jusqu'au moment de l'abolition de la corporation des (éleveurs d'abeilles) dont l'industrie et l'expérience furent anéanties.

Dans la suite, puisqu'on élevait des fabriques pour faire du sucre, forcément on arriva à les entourer d'immenses champs de betteraves, dont le vert feuillage monotone n'offrait aucune ressource mellifère aux abeilles.

De plus, l'huile de colza et d'œillette combattue par l'emploi progressant du pétrole et du gaz pour l'éclairage, fut peu à peu abandonnée. La culture de ces plantes oléagineuses fut alors réduite au strict nécessaire. On enleva ainsi à l'apiculture de riches ressources de miel. Ces vastes champs d'œillettes et de colzas offraient aux regards, une partie de l'été, l'aspect poétique d'un immense parterre de fleurs blanches et soufrées où l'activité merveilleuse des abeilles se développait sans relâche. Ils finirent par disparaître au grand détriment de nos butineuses.

Joignez à ces concurrents, la découverte des cires minérales qu'on trouve en couches importantes, principalement en

Gallicie et en Autriche (l'ozokérite). C'est l'extrait d'une espèce de bitume, qu'on exploite sous le titre de cérésine après l'avoir raffiné.

Ce nouveau produit est venu faire concurrence aux cires pures d'abeilles et diminuer l'emploi des cires vierges si recherchées pour la fabrication de toutes ces bougies de luxe et de tous ces beaux cierges, qui pendant si longtemps, depuis le moyen-âge, avaient éclairé les maisons des riches, les palais des grands, ou les cérémonies familliales des pauvres.

Enfin la culture intensive, donnée à l'exploitation agricole, a passé la charrue sur des myriades de petites plantes mellifères.

Faut-il donc s'étonner, dans de pareilles circonstances, si l'apiculture, n'offrant plus assez de rendements, fut négligée ?

Le miel moins en honneur et son usage presque abandonné, la lutte ne pouvait s'offrir avec plus de chance de succès pour le sucre envahisseur!

Aussi le terrible concurrent du miel, pour tout nouveau qu'il fut, se substitua très vite à son aîné, sans toutefois pouvoir le remplacer complètement. « Il n'a pas, il n'aura jamais les arômes délicieux que donnent au miel les abeilles butinant de fleurs en fleurs. Il a l'avantage de ne pas exiger, comme le miel, certains soins spéciaux pour se conserver intact. Extrait presque totalement des betteraves, son énorme production a fait son bon marché, par conséquent sa vente et son succès. Si bien qu'il a presque chassé le miel des épiceries et l'a remplacé dans l'alimentation générale. Les manuels de la (*Cuisinière bourgeoise*) de nos grand'-

mères, comme le (*Parfait cuisinier*) de nos pères, comme nos modernes guides de cuisine, à nous, où s'étale plus de chimie et de physique que de bons plats nourrissants et simples, sont absolument muets sur les desserts et gâteaux de miel si en vogue sous Henri IV. Depuis un siècle, on ne parle plus guère de manger du miel. Tout au plus consent-on à le prendre en cas de bronchite ou de coqueluche. Voici un fait que j'emprunte à l'Abbé Voirnot dans son *Miel des Abeilles*.

« Une aimable châtelaine, originaire de la Hollande, où le thé est d'usage quotidien, offrait un soir une tasse du breuvage doré à un de ses fermiers, venu pour payer son loyer. « Merci, Madame, je ne suis pas malade »! Que de gens qui croient de même, que le miel n'est bon qu'à ceux qui sont malades! »

Cet autre, d'un consommateur qui, désireux de manger un peu de miel, se présente dans une épicerie pour en acheter une livre. Savez-vous la première réponse que lui fit le maître de l'établissement, d'un air tout effaré ? Vous avez donc quelque malade chez vous ?

Newmann leur répond : c'est une idée ayant court que le miel est un objet de luxe ne possédant aucun principe nutritif. C'est une erreur. Le miel est une nourriture concentrée ; sans doute il ne fait pas croître les membres comme le bifteck ; mais il possède d'autres propriétés non moins nécessaires à la santé et à la vigueur intellectuelle et physique. Il augmente la chaleur du système, il excite l'énergie nerveuse et donne du ton à toutes les fonctions vitales ; à l'ouvrier il donne l'énergie, à l'homme d'affaires la force mentale. Ses effets ne ressemblent pas à ceux des autres stimulants, tels que les alcooliques ; mais ils exercent une action salutaire dont les résultats sont agréables et durables, une aimable disposition et une intelligence limpide ».

Le pain d'épice que les gens de la campagne considéraient comme la principale pièce de la pâtisserie dont il était impossible de se passer, aux principales fêtes de l'année, l'hydromel aromatisé et les gâteaux de miel en si grande faveur chez les riches, ont disparu de leurs tables. Ils ont fait place à des quantités de sucreries, de pâtisseries, de boissons alcooliques, qui toutes, plus ou moins, détériorent l'estomac et rongent les dents, favorisent et développent les pâles couleurs, les maux de gorge et autres maladies, devenues plus communes depuis que l'emploi du miel a disparu devant l'usage général du sucre. A l'appui de cette opinion, que je partage avec tant d'autres, voici un texte tiré du *Bulletin apicole d'Alsace - Lorraine* sous le titre (*Sucre et Miel*).

Le sucre dont les anciens se méfiaient beaucoup et que quelques-uns traitaient même de poison, est reconnu aujourd'hui comme un condiment précieux. Toutefois, mangé en quantité considérable, il émousse l'appétit, nuit aux personnes qui offrent des symptômes de gastralgie ou qui souffrent de maux d'estomac et il gâte promptement les dents. Les ravages que le sucre a particulièrement causés au système dentaire de la génération actuelle sont énormes. Inutile d'en citer des exemples, les preuves en sont là, parmi chaque âge, dans presque chaque famille !

Un grand nombre de parents ont l'habitude, disons plutôt l'imprudence, de faire consommer à leurs enfants, de grandes quantités de sucreries et de ne leur offrir le café, le thé et autres aliments, que fortement assaisonnés de sucre. Ce genre de nourriture est bien souvent d'une valeur fort douteuse, surtout pour les enfants faibles et débiles. Si ces pères et mères connaissaient mieux la fabrication des sucres de betteraves; non seulement ils se garderaient bien d'en faire un usage trop fréquent; mais ils le rayeraient, même totalement, du menu de leurs jeunes enfants.

Joignez maintenant à l'emploi trop fréquent du sucre, celui de tant de sirops; mélanges nuisibles par leurs impuretés et leurs falsifications. Qui ne connaît l'art de nos distillateurs et restaurateurs extrèmement habiles et jamais pris au dépourvu! Grâce au puissant concours de cette fée moderne, *la Chimie!*

Que voulez-vous, c'est une question de vie pour nous, me disait avec franchise un fabricant. Les liqueurs de bonne marque, à 6 ou 7 francs sont excellentes et garanties; mais inabordables aux petites bourses du gros public! Un litre de liqueur fine, qui nous coûte 1 fr. 50 ou 2 francs : par les frais de régie, d'octroi, de patente, de voyageurs, de réclames, de flacons, d'assurances, etc., monte du coup à 4 ou 5 francs. Il nous est impossible de le livrer aux consommateurs, avec 15 ou 20 centimes de bénéfice, ce serait la ruine à bref délai. Pour ne pas fermer l'usine, nous n'avons plus qu'une ressource, celle de diminuer la qualité. Puis, par des arômes plus pénétrants, tâcher d'arriver à produire une liqueur qui laisse toute l'illusion d'une exquise réalité! Et cela est réel, non seulement pour les liqueurs et les vins, mais les conserves alimentaires, les pâtisseries, les sucreries, etc., etc. Tant il est vrai, qu'à notre époque, les pauvres et les déshérités de ce monde, malgré leurs goussets peu garnis (le nombre est grand), à l'exemple des riches, à qui rien ne manque, veulent savourer un peu de ce bonheur, de ces jouissances des délicats. Si ils n'ont pas le Champagne ou le Bordeaux des grands crus, ils veulent et se contentent du vin champagnisé à l'usine du bon marché. S'ils n'ont pas le beurre fin d'Isigny ou de Gournay? N'ont-ils pas le beurre de commerce aromatisé ou la margarine habilement transformée. Si ils n'ont pas les confitures d'abricots frais et appétissants, n'ont-ils pas, sous une apparence aussi flatteuse, la gelée de potiron à la glucose aromatisée? Et tant d'autres dont la liste serait longue! Le vrai kummel de Riga ou le Bitter d'Amérique ne sont le plus souvent qu'une composition chimique! à 2 fr. 50 la bouteille! Comment pourrait-il en être autrement?

Ah! combien, cent fois mieux, puisqu'il en est ainsi, ne vaudrait-il pas faire et boire cet hydromel délicieux et salutaire qui pour être moins limpide que toutes les liqueurs du commerce, ne contient rien de nuisible aux santés, bien au contraire!

O fortunatos nimium, si sua bona norint!

Combien ne seraient-ils pas heureux s'ils savaient s'épargner les suites fàcheuses de douleurs intestinales dues à l'ingestion coutumière d'aliments et de boissons frelatées. — Pourquoi ne pas préférer à ce beurre, à ces sucreries malsaines, un miel pur, sain et délicieux mélangé au lait ou à la crème, avec quelques bons gâteaux ou pâtisseries au miel. Pourquoi ne pas abandonner ces apéritifs pernicieux pour un hydromel bienfaisant, une liqueur pure dans laquelle les propriétés excitantes de l'alcool seraient tempérées par les qualités rafraîchissantes du miel ? — Pourquoi ces Messieurs de la Faculté semblent-ils tenir encore le miel en rigueur ! Craignent-ils, disent quelques malins, que le miel employé avec mesure et persévérance, ne diminue leur clientèle ? Allons, Messieurs les docteurs, un bon mouvement ! déjà les faits et l'expérience sont là, qui commencent heureusement à ouvrir les yeux d'un grand nombre de consommateurs, quelques-uns même parmi ces Messieurs du corps médical commencent à reconnaître dans le miel par un aliment sain et un préservatif précieux ! — Le miel, me disait dernièrement un docteur en renom, c'est le suc des fleurs que recueillent les abeilles en quelque sorte un extrait végétal délicieux et odoriférant. Son assimilation est facile dans l'estomac, aussi est-il recommandable aux jeunes enfants, aux personnes âgées ou affaiblies, à celles qui sont trop sédentaires, parce qu'il ramène dans l'organisme une certaine activité bienfaisante. Personnellement du reste, j'en use avec satisfaction et parfaite réussite. Je ne saurais donc trop vous encourager à

faire comme ces Messieurs, vos devanciers et à publier ces notes manuscrites
qui peuvent rendre service à d'autres ».
La solidarité est une des lois de la
Société et plus spécialement des apiculteurs, qui, à l'instar de leurs abeilles,
doivent agir comme une seule et même
ruche; *PAR TOUS ET POUR TOUS*. Ce
conseil d'un ami expérimenté, joint aux
instances de quelques autres, nous déter-
mine à obéir à ce sentiment, à cette
pensée de pouvoir être utile et rendre
service à nos semblables.

Assurément, je ne leur apprendrai
pas beaucoup de choses nouvelles: je
n'ai pas la prétention d'être un grand
novateur; mais au moins, sous une
forme que j'ai le plus possible cherché
à rendre claire et intéressante, je leur
rappelle plutôt des choses déjà ancien-

nes ; mais trop oubliées malheureusement.

Non mora sed forsitan oblita.

La connaissance du miel et de ses grandes propriétés, de son rôle dans l'économie générale, a été étouffée par le chan-
gement des mœurs et la disparition trop
subite des antiques usages. Le bou-
leversement des conditions économi-
ques nous a amené cette prédilection
des objets de consommation d'une uti-
lité moindre ; mais d'un meilleur marché ? — Le grand public s'est fait indif-
férent pour ce qui concerne le miel,
parce qu'il ne le connaît plus assez, ou
bien encore, parce que de nos jours, où
tout doit être à la mode, le miel *(comme
le reste)*, ne s'y était pas mis ! On ne
voulait plus de ce miel peu attrayant et
malpropre, avec cet arrière-goût plus ou

moins âcre, provenant du jus de larves, de cette bouillie de mouches et débris de toutes sortes, qui donnaient au miel des producteurs fixistes, une teinte roussâtre, même quand le miel des abeilles était blanc. A franchement parler, l'opération barbare de l'étouffement ne donnait rien d'appétissant! — je me souviens d'un brave homme de campagne qui, armé d'une mèche soufrée, asphyxiait ses pauvres abeilles pour en prendre le miel. Ces pauvres bêtes tombaient mortes ou mourantes; il les écrasait sans pitié, de ses mains calleuses, engluées et noircies; c'était pitié, pauvres bestioles! elles jonchaient le sol, et un à un les rayons de miel, plus ou moins brisés, couverts d'abeilles engluées et de couvain étaient mis à part dans un récipient de terre

vernissée. La tuerie terminée et la ruche
à net dépouillée, notre homme satisfait,
appelle sa femme au renfort, et l'un et
l'autre, les bras retroussés, se mirent à
presser tout ensemble, couvain, cire
et miel, tout y passa ! C'était un mé-
lange grisâtre plus ou moins marbré
par des filets de bouillie blanche, des
larves écrasées qui n'avait rien d'appétissant. Dans ces conditions, on s'explique assez l'indifférence de notre public
fin de siècle, qui, plus policé, est à pro-
portion plus exigeant. Il veut quelque
chose qui lui plaise, qui l'attire, une
denrée alimentaire fut-elle meilleure, ne
lui plaira pas, si elle n'a pas l'aspect
alléchant et l'odeur agréable, une saveur
qui flatte le palais et le goût. — Aussi
les grands commerçants et exporta-
teurs le savent bien et s'en tirent à mer-

veille ! N'essayez jamais de franchir
le seuil de certains laboratoires alimentaires, l'entrée d'abord vous est for-
mellement interdite et si vous forciez la
consigne, ce ne serait point à l'avantage
de vos appétits futurs ; le fabricant lui-
même n'est pas souvent et pour cause,
son premier client ! Que voulez-vous,
disent-ils, la baisse des prix, par la concurrence, nous force à baisser la qualité
tout en sauvant l'apparence. — Alors
ne nous étonnons plus de toutes ces er-
reurs d'étiquettes trompeuses ; sachons
seulement ne pas nous y faire prendre.

Pour le miel, il ne saurait en être
ainsi, car la consommation se générali-
sant, la production peut aisément se
multiplier. Pour cela, que chaque famille chez qui la chose est possible, ait
sa ruche ; que celles qui ne le peuvent

point, se fournissent chez un ami pro-
ducteur ; mais pas d'intermédiaire ! Vous
aurez alors un produit sain autant que
sûr, agréable et délicieux ; car si le pro-
grès de l'industrie moderne s'étend aujourd'hui à tout, l'apiculture n'est point
restée en arrière, je dirai mieux : elle a
fait des pas de géant ces dernières années ! — Les produits qui nous sont
directement offerts par l'apiculteur cons-
ciencieux défient toute analyse et toute
critique sérieuse. (Je laisse aux Améri-
cains et aux Allemands le brevet qui
leur revient d'une invention de miel
falsifié avec la glucose, à la condition
qu'ils le gardent chez eux et pour eux) !
Nos ruches perfectionnées peuvent et
pourront largement nous suffire ! à chacun d'apprendre à les bien conduire !
Aujourd'hui la vieille ruche de paille

en forme de cloche s'en va peu à peu de
partout, comme la bonne vieille dont la
carrière est finie qui marche en baissant
la tête affaissée par l'âge (et le pro-
grès) !

Sa rivale, plus richement parée, plus
fortement peuplée, se targue de sa forme
nouvelle très élégante, de sa force et de
sa vigueur, qui sans contredit, lui donnent
la supériorité ! Quoi d'étonnant ! tout y
est préparé, les vieux gâteaux déformés
n'y sont point connus, les cellules tra-
cées et dressées aux gaufriers humains
sont vivement allongées et terminées
par un personnel nombreux, le couvain
est localisé et séparé du magasin à
miel.

Lors même qu'on lui enlève ses pro-
visions d'hiver, elle ne s'en inquiète
point, sachant que les sirops ou les pla-

ques en sucre ne lui feront pas dé-
faut.

Jusqu'au miel lui-même qui, emboîtant
le pas, s'est mis tout à la mode ! Désor-
mais pour le récolter, point n'est besoin
de la main humaine ! ce primitif pressoir
pour l'extraire ! La science de la découverte a passé par là et grâce à un mouvement de rotation rapide, les cadres dé-
soperculés sont instantanément vides de
miel et rendus aux abeilles. Le miel lancé
contre les parois d'un récipient (*ad hoc*)
coule au fond et sort par un robinet qui
permet de le mettre en pots ou en fûts,
vierge de tout contact humain ! Parmi tant
de milliers et milliers de bouches qui, ici
bas, absorbent le pain, le vin, et tant
d'autres objets de consommation : combien, pourraient-elles affirmer la
même chose, de ces denrées ? hélas ! très

peu ! Et ce sont celles qui, ne connaissant pas ou peu le miel, cet aliment pur, ce breuvage si sain, ce remède si précieux, le tiennent encore trop en rigueur et lui refusent la place d'honneur qu'il avait sur les tables de nos aieux ! Mais en ce monde où tout revient à son tour, sur le cadran des âges, il nous est bien permis, à nous, amis des abeilles et du miel, d'espérer qu'au plus tôt, car déjà l'Amérique, la Belgique, etc., ont donné l'élan, d'espérer dis-je, voir le miel vierge et pur, sain et délicieux, reprendre sa place st son rôle important dans l'économie générale.

Le curé Dierzon, le *père de l'apiculture*, comme on l'appelait en Allemagne, disait un jour, dans un entretien sur les abeilles : « l'apiculture serait un trésor pour la santé ». Il le disait avec cette conviction profonde et sincère qu'il avait, d'être en cela utile aux humains !

Il ne se trompait pas ! Après lui bien d'autres, nos devanciers et nos maîtres l'ont encouragée, soutenue et développée, par leurs paroles, leurs écrits, leurs exemples ; nous marchons sur leurs traces et nous vous redisons à notre tour :

Pourquoi oubliez-vous ce trésor de vos champs, de vos bois, de vos prés ?

Vous sauvez au prix de mille labeurs, les grains de vos moissons, les grappes de vos vignes, les fruits de vos arbres ! Ce trésor, qui donnerait à l'esprit la vigueur, au corps une robuste santé, par une alimentation saine, une boisson bienfaisante ! ce miel délicieux, pourquoi le négligez-vous ? Comme autrefois il devrait être à la place d'honneur sur vos tables, pour la grande satisfaction des uns, la prompte guérison des autres, la joie et le bien de tous !

ERRATA

Page 13, ligne 18, au lieu de : Faites par vous-même,

Lisez : Faites donc pour vous-même.

Page 26, ligne 9, au lieu de 1645,

Lisez : 1650.

TABLE DES MATIÈRES

Châteauroux. — Imp. P. Langlois et Cie.

EXTRAIT

DE LA

REVUE DU CENTRE

L'ouvrage que viennent de publier MM. Delaigues et Palice, est un charmant petit livre : il est rempli d'utiles conseils pour les jeunes apiculteurs, je connais bon nombre d'anciens qui se trouveront bien de sa lecture. C'est que dans cet ouvrage d'une étude facile, rien n'est avancé qui n'ait été puisé dans les travaux de maîtres ou expérimenté et vérifié par l'auteur lui-même ou son collaborateur M. E. Palice qui, depuis plus de 15 ans, s'occupe exclusivement d'abeilles dans ses splendides ruchers des Gravettes et son établissement de Neuvy-Pailloux. En résumé, l'ouvrage de MM. Delaigues et Palice, est un exposé méthodique clair, précis, des connaissances indispensables aux apiculteurs.

C'est la leçon de chose à la portée de tous.

VEZIN

Professeur d'agriculture départementale.
Président de la Société d'Apiculture du Centre.

NOURRISSEUR DOUBLE

SYSTÈME DELAIGUES

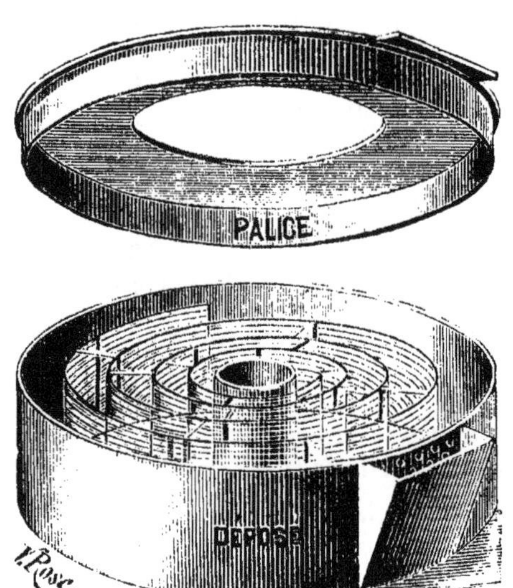

Ce système nouveau a sur les autres l'avantage
de pouvoir nourrir les Abeilles *lentement ou rapidement, à volonté*, avec le même nourrisseur, sans
les déranger et sans emploi d'enfumoir, à l'aide d'un
spiral métallique en deux parties recouvertes d'une

verrine double. Pour nourrir lentement, vous laissez la petite verrine sur le premier spiral, dont l'exiguité restreint le nombre des Abeilles qui montent. Si vous voulez nourrir rapidement, au contraire, vous l'enlevez, et aussitôt les abeilles, par centaines, couvrent le premier et le second spiral que recouvre la grande verrine, en vous laissant le plaisir de voir, sans crainte des piqûres, tout ce qui s'y passe.

De plus, sa petite dimension en permet l'emploi sur toutes les ruches, avec les coussins qui gardent la chaleur de la colonie, en cas de contre-temps. Pour cela, faites une entaille de dimension à ces derniers et enchassez-y le nourrisseur sur la petite ouverture pratiquée au liteau permettant aux Abeilles d'y monter. — Une fois en place, vous n'avez pas l'embarras de l'enlever pour le remplir, car vous versez le miel dans le récipient.

De même, supprimant les verres, vous pouvez avantageusement l'employer à nourrir les ruches communes ou paniers, en le plaçant dessous, de façon à ce qu'il touche au travail ; les Abeilles y descen-

dent puiser le miel sans danger de s'y noyer, grâce
au spiral métallique.

EN VENTE

PARIS, 71, rue des Sts-Pères

PRÈS LE BOULEVARD SAINT-GERMAIN

NEUVY-PAILLOUX, Établissement d'Apiculture

SAINTE-FAUSTE
SON PÈLERINAGE

Par **A. Delaigues**, *curé de Sainte-Fauste (Indre)*

VOLUME GRAND IN-8º

Ouvrage illustré de nombreuses gravures au trait.

———

EN VENTE CHEZ L'AUTEUR

———

PRIX : **2** FR. **50**

Franco poste 0 fr. 25 en plus

Établissement d'Apiculture

E. PALICE

A NEUVY-PAILLOUX (Indre)

Tout ce qui a rapport à l'Apiculture perfectionnée, Ruches, Outillages, Cire, Abeilles, etc., etc.

Demandez le Catalogue général orné de plus de 90 gravures qui est adressé franco par la poste.

Il suffit d'adresser directement sa carte au directeur de l'établissement.

DÉPOT

PARIS, 71, rue des Saints-Pères, près le Boulevard Saint-Germain

L'UNION APICOLE

REVUE MENSUELLE

ORGANE DE LA SOCIÉTÉ D'APICULTURE DU CENTRE

ABONNEMENTS

France.................... **4** fr.

Étranger................ **4** » **50**

ON S'ABONNE:

NEUVY-PAILLOUX

Établissement d'Apiculture de E. PALICE

PARIS: rue des Sts-Pères, 71

PRÈS DU BOULEVARD St-GERMAIN